Genotypage d'une iso-enzyme du cytochrome P-450

Mohamed Amin Jebali

Genotypage d'une iso-enzyme du cytochrome P-450

CYP1A1 chez des sujets normaux et des patients Tunisiens atteints du cancer de poumon

Éditions universitaires européennes

Impressum / Mentions légales
Bibliografische Information der Deutschen Nationalbibliothek: Die Deutsche
Nationalbibliothek verzeichnet diese Publikation in der Deutschen
Nationalbibliografie; detaillierte bibliografische Daten sind im Internet über
http://dnb.d-nb.de abrufbar.
Alle in diesem Buch genannten Marken und Produktnamen unterliegen
warenzeichen-, marken- oder patentrechtlichem Schutz bzw. sind
Warenzeichen oder eingetragene Warenzeichen der jeweiligen Inhaber. Die
Wiedergabe von Marken, Produktnamen, Gebrauchsnamen, Handelsnamen,
Warenbezeichnungen u.s.w. in diesem Werk berechtigt auch ohne besondere
Kennzeichnung nicht zu der Annahme, dass solche Namen im Sinne der
Warenzeichen- und Markenschutzgesetzgebung als frei zu betrachten wären
und daher von jedermann benutzt werden dürften.

Information bibliographique publiée par la Deutsche Nationalbibliothek: La
Deutsche Nationalbibliothek inscrit cette publication à la Deutsche
Nationalbibliografie; des données bibliographiques détaillées sont
disponibles sur internet à l'adresse http://dnb.d-nb.de.
Toutes marques et noms de produits mentionnés dans ce livre demeurent
sous la protection des marques, des marques déposées et des brevets, et sont
des marques ou des marques déposées de leurs détenteurs respectifs.
L'utilisation des marques, noms de produits, noms communs, noms
commerciaux, descriptions de produits, etc, même sans qu'ils soient
mentionnés de façon particulière dans ce livre ne signifie en aucune façon
que ces noms peuvent être utilisés sans restriction à l'égard de la législation
pour la protection des marques et des marques déposées et pourraient donc
être utilisés par quiconque.

Coverbild / Photo de couverture: www.ingimage.com

Verlag / Editeur:
Éditions universitaires européennes
ist ein Imprint der / est une marque déposée de
OmniScriptum GmbH & Co. KG
Heinrich-Böcking-Str. 6-8, 66121 Saarbrücken, Deutschland / Allemagne
Email: info@editions-ue.com

Herstellung: siehe letzte Seite /
Impression: voir la dernière page
ISBN: 978-3-8416-6683-3

Remerciements

A notre Directeur de travail

Pr. Majda Noura Belkhiria

Professeur de Pharmacologie à la faculté de Médecine de Monastir

J'adresse l'expression de ma très grande reconnaissance pour la confiance qu'elle a investie en moi en acceptant d'encadrer mon travail, pour ses conseils et pour l'attention qu'elle a bien voulu apporter à mon mémoire à divers stades de son élaboration.

Je tiens aussi à remercier vivement notre Maître le Professeur Abederraouf Kenani Professeur de biochimie et de biologie moléculaire à la faculté de médecine de Monastir qui a accepté d'évaluer mon travail.

Je tiens à remercier le Professeur Jalel Kenani chef de service de Pneumologie au CHU Mahdia et le Professeur Mohamed Jarray chef service de Pneumologie du CHU Farhat Hached-Sousse pour m'avoir permis le recueil des échantillons de sang des malades et l'accès à leurs dossiers.

Par la même occasion, j'adresse mes remerciements à tous le membres de laboratoire de biochimie de la faculté de médecine de Monastir et des services de pneumologie de Mahdia et de Sousse pour m'avoir facilité l'élaboration de ce projet.

1

Table des métiers

I-introduction :

L'homme est exposé à une grande variété de substances exogènes dont la plupart sont lipophiles et susceptibles de s'accumuler dans les cellules. Cette accumulation est toxique pour la cellule et peut provoquer sa mort. Il est donc primordial d'éliminer ces substances de l'organisme. Cette élimination se fera grâce à la transformation biochimique des substances exogènes initiales en composés hydrosolubles, éliminés alors facilement dans les urines. L'ensemble de ces transformations est appelé métabolisme.

Le métabolisme est classiquement divisé en deux phases. La première phase, est appelée phase d'oxydation ou encore d'activation. Elle conduit à la formation de métabolites intermédiaires électrophiles. Leur conjugaison se fait entre autre par des molécules de glutathion, de sulfate ou avec des groupements acétyles rend ces métabolites suffisamment hydrosolubles pour être éliminés de l'organisme. C'est la phase de conjugaison ou phase de détoxification.

Les métabolites intermédiaires électrophiles, par leur liaison covalente aux molécules nucléophiles de la cellule comme l'ADN, forment des adduits à l'ADN, et constituent ainsi l'étape critique du métabolisme dans le risque de cancer. Il est en effet classiquement admis que les adduits représentent la première étape de l'initiation cancéreuse.

Au cours des vingt dernières années, de nombreuses études ont mis en évidence le rôle du polymorphisme des gènes impliqués dans le métabolisme des substances exogènes dans la susceptibilité individuelle au risque de cancer. Il s'agit des cytochromes P450, ainsi que des gènes de la phase de conjugaison comme les Glutathions S transferases, les acétyls transférases, ou encore les sulfotransférases.

Le CYP1A1, enzyme de la famille Cytochrome P-450, est l'un des enzymes qui jouent un rôle significatif dans la désintoxication des hydrocarbures aromatiques polycycliques (PAHs) produits de la combustion des combustibles fossiles et les amines aromatiques présentes dans la fumée de cigarette pendant la phase 1 dite de fonctionnalisation. Cette enzyme présente aussi un grand polymorphisme génétique selon l'appartenance ethnique.

Le travail actuel traite trois polymorphismes de CYP1A1 dans un échantillon de la population tunisienne atteinte par le cancer de poumon par la technique PCR-RFLP. Ces polymorphismes sont : (T6235C), (T5639C) localisés au niveau de la région 3' UTR non codante du gène CYP 1A1 de chromosome 15 et (C4887A) localisé sur l'exon 7 de même chromosome

On va déterminer ainsi les fréquences alléliques de ces polymorphismes et les comparer avec d' autres populations.

II- Revue bibliographique :

1- La pharmacogénétique

La pharmacogénétique se définit comme la science qui étudie les différentes variantes du code génétique pouvant expliquer la réponse thérapeutique (**Humma et al., 2002**).

Le terme pharmacogénétique a été utilisé pour la première fois par Vogel en 1959 pour décrire l'étude des différences héréditaires dans la réponse aux médicaments (**Oscarson, 2003**) et s'intéresse au lien entre la variation interindividuelle dans la séquence de l'ADN et l'absorption .On a observé qu'un même médicament pouvait être métabolisé plus rapidement par certains patients. Ces observations ont permis d'établir que certains cytochromes sont affectés par un polymorphisme génétique, c'est-à-dire, que leur capacité métabolique est sous le contrôle génétique. Le polymorphisme génétique permet donc d'expliquer en grande partie les variations interindividuelles lors de la survenue de ce type d'interaction chez deux patients différents. À la lumière de ces observations, l'analyse du génotype permet donc la détermination du phénotype de chaque patient sous trois classes : les métabolisateurs lents chez qui l'activité de l'iso-enzyme est ralentie, les métabolisateurs normaux/intermédiaires chez qui l'activité enzymatique est normale et fonctionnelle, ainsi que ceux qui possèdent un plus grand nombre d'enzymes et que l'on considère comme des métabolisateurs rapides ou ultrarapides.

Pharmacogénétique et toxicologie de l'environnement

Il existe une théorie selon laquelle, la plupart des substances cancérogènes présentes dans l'environnement seraient activées en métabolites toxiques par une réaction du métabolisme **(Conney, 2003)**.Les enzymes de phase 1 du métabolisme des xénobiotiques seraient, selon cette théorie, impliquées dans l'activation de produits toxiques. Tandis que les enzymes de phase 2 (époxyde hydrolase, glutathion S-transférases, sulfotransférases, UDP-glucuronosyl transférases) seraient responsables de l'élimination des xénobiotiques et de leurs métabolites toxiques. Ce serait un changement dans la balance entre ces deux actions opposées qui déterminerait l'apparition d'une toxicité ou d'une maladie telle que le cancer .Le lien entre certains allèles des gènes associés aux enzymes du métabolisme des xénobiotiques et les cancers environnementaux est très difficile à établir par des études cliniques qui ne confirment pas toujours la théorie.

2- Notion de xénobiotique

2-1- Définition

Le terme xénobiotique est utilisé pour désigner un composé étranger à l'organisme. Il peut s'agir d'un médicament, d'une drogue ou d'un produit issu de l'environnement,comme le cas des hydrocarbures aromatiques polycycliques (HAP).

2-2- La biotransformation des xénobiotiques

Les xénobiotiques sont biotransformés selon des voies multiples aboutissant pour la plupart à des intermédiaires époxydiques impliqués dans la génotoxicité. **(Figure 1)** La biotransformation est un procédé enzymatique en deux phases au cours duquel des composés étrangers sont décomposés et éliminés par l'organisme.

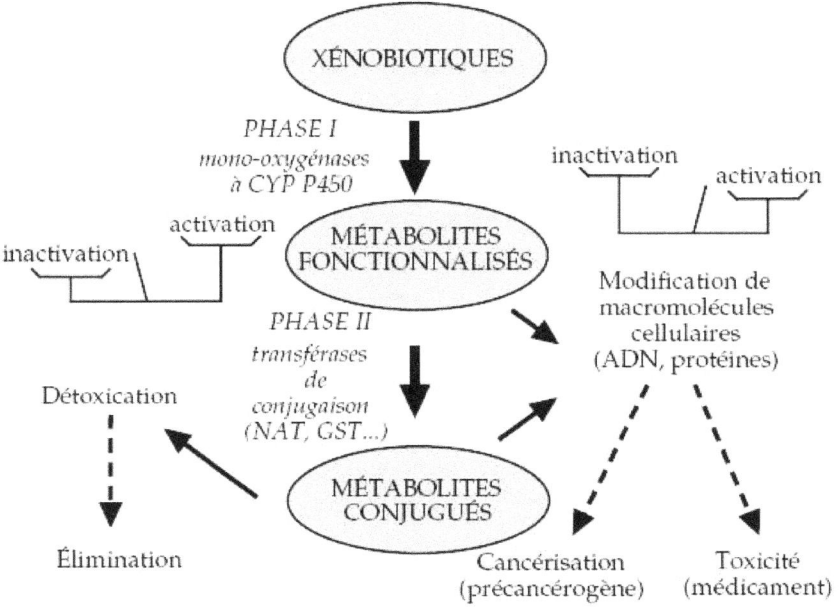

❖ **Figure 1: Biotransformation des xénobiotiques**

CYP : mono-oxygénase à cytochrome P450 ; NAT : N-acétyltransférase ; GST : glutathion S-transférase

2-1-1- Les Réactions de phase 1 : fonctionnalisation (Tableau 1)

Les réactions de phase 1 sont des réactions de fonctionnalisation permettent l'introduction de nouvelle fonction chimique (-OH,NH_2,COOH) rendant la molécules plus polaire. Ces réactions sont catalysées majoritairement par des mono-oxygénases à cytochrome P450 (CYP). Ces dernières sont des enzymes microsomales surtout présentes dans le foie mais aussi dans d'autres tissus comme l'intestin ; elles assurent des réactions d'oxydation .

Le cytochrome P-450 réalise une activité d'oxydation aromatique (Aryl hydroxylase hydrocarbons AHH), responsable de la biotoxification des HAP cancérogènes, tels que le benzo(a)pyrène en catalysant la première étape d'oxydation faisant apparaître la fonction époxyde électrophile initiale puis secondairement la forme diol-époxyde catabolite ultime responsable de la formation d'adduits sur les sites nucléophiles de l'ADN.

Réactions	Enzymes	Substrats
Oxydation	Oxydases	Aldéhydes, amines, hydrazines
Hydroxylation, époxydation	Mono-oxygénases	
N- et S-oxydation	à cyt P450	HAP, arylamines, arylamides
Déshydrogénation	à FAD	Amines, hydrazines, thiols, sulfites
	Déshydrogénases	Alcools, aldéhydes, dihydrodiols
Réduction	Réductases	Carbonyl, quinones, nitro, azo, N-oxydes, sulfoxydes
Hydrolyse	Estérases, amidases, imidases	Procaïne, acétylcholine
	Époxyde hydrolase	Oxydes d'arène, oxydes éthyléniques
Décarboxylation	Décarboxylases	Lévo-dopa
Déméthylation	Mono-oxygénases à cyt P450	Benzphétamine

HAP : hydrocarbures aromatiques polycycliques

❖ **Tableau 1 : Principales réactions de la phase 1**

2-1-2- Les Réactions de phase 2 : Conjugaison (Tableau 2)

Les enzymes de phase II conjuguent les xénobiotiques, fonctionnalisés ou non, avec un groupement (glutathion, acide glucuronique, méthyl, acétyl...), dont le rôle est soit de neutraliser un groupement réactif (thiol, amine, aldéhyde), soit de rendre le xénobiotique hydrophile afin de faciliter son élimination par l'organisme. Enfin, si le métabolite obtenu est très hydrophile, il devra être transporté à travers la membrane cellulaire par des protéines de phase III.

Le Glutathion S-transférase réalise la bio détoxification par attaque nucléophile et la conjugaison des fonctions époxydiques électrophiles, limitant par ce mécanisme la formation d'adduits sur l'ADN.Les Glucurono et sulfo transférases réalisent la conjugaison des fonctions phénoliques formées au cours de certaines voies métaboliques des HAP.

Réactions	Enzymes	Substrats
Glucuronoconjugaison	UDP-glucuronosyl transférases	Hydroxylamines, arylamines
Sulfoconjugaison	Sulfotransférases	Stéroides, phénols, amines hydroxylamines
Acétylation	N-acétyltransférases	Arylamines, hydrazines
Conjugaison avec des acides aminés	N-acyltransférases	Acides carboxyliques aromatiques et aliphatiques
Mercaptoconjugaison	Glutathion S-transférases	Époxydes d'HAP, arylamines
Méthylation	Méthyltransférases	Amines, catécholamines, imidazoles, thiols
Transsulfuration	Thioltransférases	Échange disulfure

UDP : uridine-diphosphate ; HAP : hydrocarbures aromatiques polycycliques

❖ **Tableau 2 : Principales réactions de la phase 2**

Des variations aléatoires de séquence se produisent dans les gènes qui codent pour les enzymes intervenant dans ce processus, et certaines de ces variations peuvent s'accumuler dans une population sous l'effet des pressions de sélection. Lorsque la fréquence d'une variation donnée atteint 1 % ou plus, on parle de polymorphisme. Lorsqu'elle atteint 10 %, on considère que la variation est courante. Le polymorphisme peut n'avoir aucun effet ou être, au contraire, qualifié de fonctionnel s'il modifie la fonction catalytique, la stabilité et/ou le niveau d'expression de la protéine qui en résulte. Selon certaines données, des personnes affichant des types particuliers de polymorphismes pourraient manifester une sensibilité différente aux substances toxiques environnementales.

3- Les Cytochromes P-450

3-1-Définition

Les cytochromes (CYP) constituent une famille d'hémoprotéines initialement identifiées comme des pigments dans des microsomes de foie de rat **(Klingenberg et al., 1958)** . En effet, le nom de cytochrome P450 provient de la propriété de ces pigments d'émettre un spectre d'absorbance à 450 nm, spécifique de ces hémoprotéines **(Omura et al., 1962)**.Les propriétés catalytiques d'oxydation et de réduction varient en fonction de la nature de la partie protéique du CYP (apoprotéine). Les CYP permettent un grand nombre de réactions, dont la plus importante est l'hydroxylation. Afin de les rendre fonctionnels, les CYP ont également besoin d'une source d'électrons. Ces électrons sont apportés par une autre protéine : la NADPH cytochrome P450 réductase si le cytochrome P450 est situé dans le réticulum endoplasmique, la ferredoxine si le cytochrome P450 est situé dans les mitochondries. Le NADPH est la source majeure d'électrons dans ce système **(Porter et al., 1991)**. A ce jour, 57 gènes de P450 qui sont groupés dans 17 familles de gène et répartis sur 15 chromosomes, on été identifiés dans le génome humain.

Les propriétés connues des CYP de mammifères peuvent être résumées comme suit **(Guéguen Y et al., 2006)** :

- Les CYP sont formés d'environ 500 acides aminés. Une cystéine localisée près de la région carboxy-terminale de la protéine permet la liaison thiol-ligand,essentielle pour le fer héminique. La région N-terminale est riche en AA hydrophobes et permet la fixation de la protéine aux membranes.

- Ces enzymes sont appelées mono-oxygénases, car elles incorporent un atome d'oxygène à partir d'oxygène moléculaire. Elles transforment une grande variété de composés chimiques. Certains CYP catalysent le métabolisme d'un nombre limité de structures chimiques (tels que les stéroïdes ou les acides gras), alors que d'autres CYP présentent une spécificité de substrats plus large.

- Dans les tissus tels que le foie, l'intestin et les surrénales, la concentration de CYP excède largement la concentration des autres hémoprotéines. En effet, la concentration des CYP peut atteindre 50 µM dans le foie de rat, représentant ainsi plus de 1 % des protéines du foie. Dans le réticulum endoplasmique des hépatocytes, les CYP peuvent former plus de 20 % des protéines de cette fraction membranaire.

- Les CYP ont habituellement une expression ubiquitaire, mais certains tissus n'expriment de manière constitutive que certaines isoformes.

- L'expression de la plupart des CYP est régulée par des facteurs de transcription qui sont activés par différents composés chimiques. La capacité d'un composé à servir d'inducteur est généralement liée à une famille de CYP.

3-2 - La localisation des CYP

Les CYP sont situés dans la membrane du réticulum endoplasmique des cellules **(Roux, 1998)**.Toutefois, les hépatocytes sont les cellules qui en renferment une plus grande proportion. On en retrouve aussi au niveau des cellules rénales, pulmonaires et cérébrales **(Shapiro et *al*., 2002)**. La sous-famille 3A représente près de 50% des CYP hépatiques.

3-3- Nomenclature

Puisque certains types de CYP présentent plus de 40% d'homologie protéique, la superfamille des CYP a été subdivisée en familles (chiffre arabe) qui sont elles-mêmes sous divisées en sous-familles (lettre majuscule) lorsque les différentes enzymes présentent plus de 55% d'homologie. **(Brown, 2001) (Figure 2)**

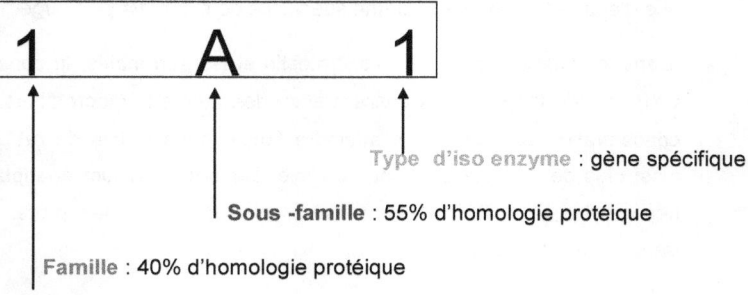

❖ **Figure 2: Exemple de nomenclature du CYP 1A1**

- Les familles sont désignées par un chiffre (par exemple, CYP **1**).

- Les sous-familles sont désignées par une lettre (par exemple, CYP1**A**).

- Les iso-enzymes individuelles sont désignées de nouveau par un chiffre (par exemple, CYP1A **1**).

Plus de 30 iso-enzymes CYP ont été identifiées chez l'Homme. Les iso-enzymes CYP1A2, CYP2C9, CYP2C19, CYP2D6 et CYP3A4 sont les plus importantes dans la biotransformation de nombreux médicaments à usage humain. Il existe une grande variabilité dans l'activité enzymatique du cytochrome P450, celle-ci peut entraîner des modifications des paramètres pharmacocinétiques et éventuellement de la réponse thérapeutique. Des facteurs génétiques et des interactions avec des médicaments ou d'autres substances (inhibition ou induction) sont deux causes importantes de cette variabilité.**(Belpaire et al.,1996)**

3-4- Rôle des CYP

Alors que le rôle de certaines de ces enzymes est connu chez l'Homme depuis longtemps, ce n'est que depuis une vingtaine d'années qu'est apparu le rôle majeur joué par les CYP. Ces hémoprotéines occupent une place prépondérante dans le métabolisme des médicaments. Ainsi, lors d'une revue de 315 médicaments couramment prescrits 175 (65 %) sont principalement métabolisés par les CYP et les isoformes des CYP responsables du   métabolisme de 46 de ces 175 médicaments restent à identifier **(Bertz et al., 1997)**.Cet intérêt pour les CYP s'est considérablement accru lorsque a été reconnue l'existence, pour certains d'entre eux d'un polymorphisme génétique qui peut expliquer tout ou partie de la variabilité de la réponse aux traitements **(Jaillon, 2001)**.

3-5-Caractéristiques biochimiques

L'alignement de toutes les séquences d'acides aminés des CYP fait apparaître une très faible conservation et seuls trois acides aminés sont parfaitement conservés. Néanmoins, cette variabilité ne prélude pas à une forte conservation de leur topographie générale et de leur structure repliée **(Graham et al., 1999)**.La partie la plus conservée est logiquement retrouvée dans le cœur de la protéine et reflète le mécanisme commun de transfert d'électrons et de protons et d'activation d'oxygène **(Figure 3)**. La région la plus variable correspond à la partie N-terminale impliquée dans l'adressage et l'ancrage à la membrane, et à la séquence de liaison et de reconnaissance du substrat **(Werck-Reichhart et al., 2000)**. Contrairement aux CYP bactériens, les CYP eucaryotes sont associés à la membrane externe du réticulum endoplasmique ou se trouvent dans les mitochondries (membrane interne, externe ou matrice).

Les récents progrès réalisés dans la détermination des structures tridimensionnelles cristallographiques des CYP impliqués dans le métabolisme des médicaments et la visualisation de la manière dont les molécules se fixent aux sites actifs de cette classe d'enzymes, devraient faciliter le développement de nouveaux médicaments. En effet, l'industrie pharmaceutique attache une attention particulière à la structure tridimensionnelle des cytochromes P450 permettant de mieux comprendre et de mieux prédire les interactions entre la molécule cible et les CYP. **(Williams et al., 2004) (Yano et al., 2004)**

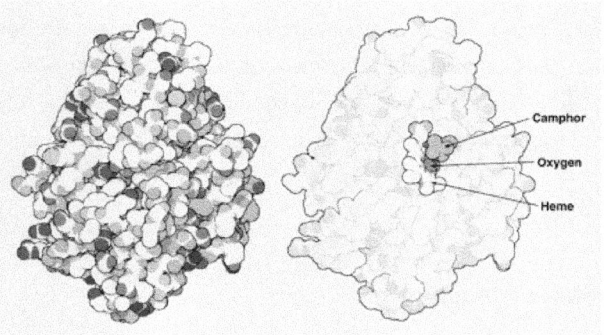

❖ **Figure 3 : Cytochrome P450**

Les enzymes du cytochrome P450 ne sont pas remarquables pour leur spécificité. L'emplacement actif est profond dans l'enzyme, à côté d'un atome catalytique de fer tenu au centre d'un groupe de hème. Il peut s'adapter à une variété de différentes molécules carbone riches, les serrant étroitement contre l'atome d'oxygène activé. Les enzymes P450 sont trouvées dans presque tous les organismes.

3-6-Distribution tissulaire

Les mono-oxygénases à cytochromes P450 (CYP), appelées aussi oxydases à fonctions multiples, sont des complexes multienzymatiques localisés essentiellement dans le réticulum endoplasmique et les membranes mitochondriales et dont le site actif est orienté du côté du cytoplasme **(Anandatheerthavarada et al.,1997)** .Elles sont retrouvées essentiellement au niveau hépatique, mais également en quantité non négligeable dans les reins (zone corticale), les poumons, l'intestin, la peau, le cerveau, la vessie, les glandes surrénales... **(Tableau 3) (Waziers et al., 1990 ; Trédaniel et al., 1995 ; Hukkanen, 2000)**. Leur expression peut être constitutive ou inductible. Le profil d'expression des isoenzymes de CYP varie entre les espèces, d'un individu à l'autre, sous l'effet de facteurs environnementaux et/ou génétiques **(Hietanen et al., 1997)**. Il existe aussi une distribution différente des cytochromes P450 entre les organes pour une même espèce **(Mugford et al., 1998)**. Donc l'expression tissulaire des cytochromes P450 est ubiquitaire. On considère que ces protéines hémiques sont présentes en grande quantité dans le foie **(Figure 4)** ; mais elles peuvent exister dans d'autres tissus, comme c'est le cas de CYP1A1 qui se trouve essentiellement dans les poumons.

ORGANES	ISOFORMES
Muqueuse nasale	2A6, 2A13, 2B6, 2C, 2J2, 3A
Trachée	2A6, 2A13, 2B6, 2S1
Poumons	1A1, 1A2, 1B1, 2A6, 2A13, 2B6, 2C8, 2C18, 2D6, 2E1, 2F1, 2J2, 2S1, 3A4, 3A5, 4B1
Œsophage	1A1,1A2, 2A, 2E1, 2J2, 3A5
Estomac	1A1, 1A2, 2C, 2J2, 2S1, 3A4
Petit intestin	1A1, 1B1, 2C9, 2C19, 2D6, 2E1, 2J2, 2S1, 3A4, 3A5
Colon	1A1, 1A2, 1B1, 2J2, 3A4,3A5

❖ **Tableau 3 : Iso-formes du cytochrome P450 humain exprimées dans les voies respiratoires et le tube digestif (Vinet, 2004).**

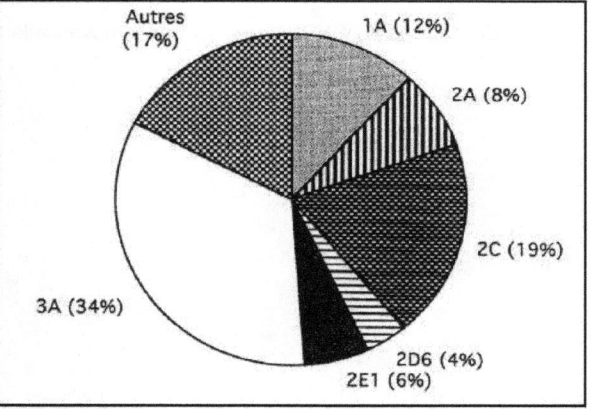

❖ **Figure 4 : Répartition des Cytochrome P450 dans la foie humain (Guengerich, 1995).**

18

4- Le cytochrome P450 (CYP 1A1)

4-1- Localisation

Le gène du CYP1A1 est localisé sur le chromosome 15 au niveau du segment q22-24. **(Figure 5)**

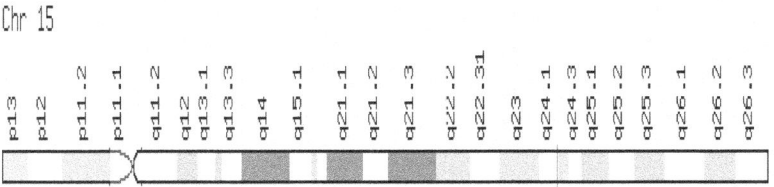

❖ **Figure 5 : Localisation du gène CYP 1A1 en 15q22-24.**

(Chevalier et al., 2001; Jaiswal et al., 1986)

4-2- Fonction et polymorphisme

CYP1A1 est un membre d'une grande classe de cytochrome Enzymes P-450. Ces enzymes jouent un rôle significatif dans la désintoxication des hydrocarbures aromatiques polycycliques (PAHs) produit de la combustion des combustibles fossiles et les amines aromatiques présentent dans la fumée de cigarette **(Guengerich, 1988)**.

CYP1A1 code pour une enzyme du cytochrome P-450 de la phase I qui métabolise les PAH tel que le benzo[a]pyrène **(Figure 6)** classés en B2 (cancérogènes probables) par l'EPA (Environmental Protection Agency). C'est un des composants toxiques principaux produits pendant Tabagisme **(McManus et *al.*, 1990; Roberts-Thomson et *al.*,1993)**. Une forme fortement inductible de l'enzyme peut être associée à un plus grand risque de cancer de poumon chez les fumeurs **(Bartsch et *al.*, 2000)**. Cependant, les mécanismes moléculaires responsables de l'inductibilité élevée n'ont pas été expliqués.

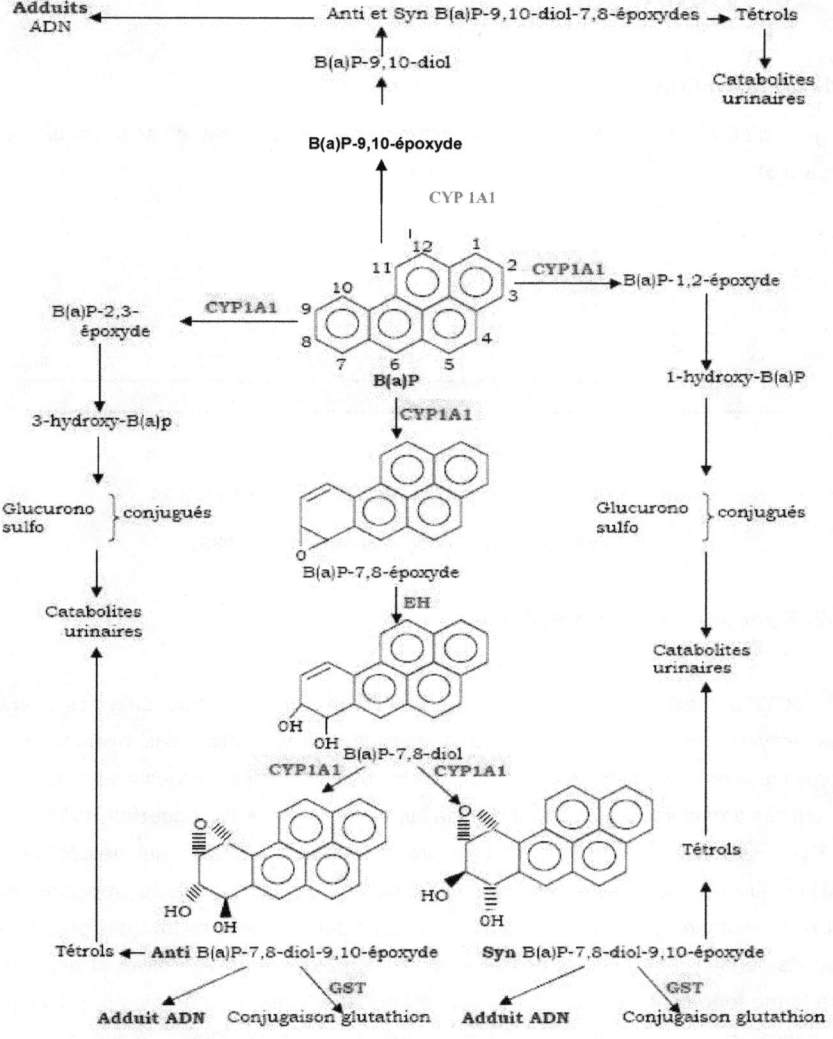

❖ **Figure 6: Métabolisme du benzo (a) pyrène.**

Certaines variations de la séquence d'ADN peuvent êtres appropriés tel que la transition de thymidine en cytosine aux positions 6235 (ou généralement désigné sous le nom du polymorphisme de Msp I) et 5639 :ces sont des mutations localisés au niveau de la région 3' UTR non codante du gène CYP 1A1 de chromosome 15, et aussi C4887A (localisé sur l'exon 7 de même chromosome) **(Kawajiri et *al.*, 1996; Nakachi et *al.*, 1991).**

Parmi ces trois polymorphismes, le Msp I semble être commun, étroitement lié à la mutation d'Ile / Val dans l'exon 7, a été rapporté dans beaucoup d'études épidémiologiques. Le MspI semble être lié au tabagisme et en relation avec le risque de cancer de poumon dans différentes ethnies étudiées **(Inoue et *al.*, 2000).** En effet le plus grand risque de cancer du poumon du génotype susceptible de CYP1A1 Msp I a été vu chez les fumeurs **(Ishibe et *al.*, 1997).** Autres sites polymorphes du gène CYP1A1, localiser au niveau du promoteur, en été décrites récemment. **(Gaikovitch et *al.*, 2003)** et actuellement, 19 polymorphismes de CYP1A1 sont découverts **(Sowres et *al.*,2006).**

Il est difficile de doser le taux basal du CYP1A1 et de son ARNm qui est très faible. En revanche, le taux induit dans des lymphocytes humains maintenus en culture est parfaitement dosable. Il apparaît que ce taux présente une grande hétérogénéité interindividuelle. Les individus peuvent être classés un peu artificiellement en trois catégories : fortement, moyennement ou faiblement inductibles. Des polymorphismes génétiques ont été décrits pour ce gène et plusieurs auteurs ont trouvé des corrélations entre certains polymorphismes et le cancer broncho-pulmonaire.**(Kawajiri et *al.*, 1990 ; Hayashi et *al.*, 1991 ; Lemarchand et *al.*, 1998 ;Taioli et *al.*1999).**

5 - La Carcinogenèse

Le cancer est une maladie multi -factorielle due à la dérégulation de l'expression de gènes importants intervenant dans le métabolisme normal de la cellule.Ainsi des altérations sur les gènes de contrôle de la division cellulaire, de la différenciation et/ou de la mort cellulaire peuvent rompre l'équilibre permanent qui assure l'homéostasie tissulaire. Ces mutations peuvent résulter de l'exposition de l'organisme à des agents mutagènes (physiques ou chimiques) présents dans notre environnement de façon naturelle (soleil, alimentation) ou artificielle (notamment le tabagisme...). Ce dernier, est responsable de 80 à 90% des cancers du poumon dans les pays industrialisés. Cependant, il est probable que certains facteurs génétiques confèrent à certains fumeurs une plus grande susceptibilité à développer un cancer du poumon. La plupart des études familiales retrouvent un excès de cas familiaux de cancer du poumon. Par ailleurs, le métabolisme de nombreux pro carcinogènes du tabac est partiellement effectué par certaines enzymes de la famille des cytochromes P450. Deux formes de cytochrome P450, CYP1A1 et CYP1A2, sont inductibles par les carcinogènes du tabac, et des études animales ont montré que le CYP1A1 présentait un polymorphisme associé à la formation de tumeurs après administration d'un hydrocarbure polycyclique aromatique. Chez l'homme, une association entre le cancer du poumon et divers polymorphismes enzymatiques P450 (CYP1A1, CYP2D6, CYP2E1) a été suggérée mais les résultats des études épidémiologiques sont discordants et difficiles à interpréter. Par ailleurs, il existe un polymorphisme de la glutathion-S-transférase (GSTM1),enzyme impliquée dans l'élimination de certains carcinogènes, et une association entre ce polymorphisme et le cancer du poumon a également été rapportée. Les études ultérieures sur l'effet conjoint de plusieurs polymorphismes devraient permettre d'identifier des sous-groupes de sujets à haut risque de cancer du poumon **(Benhamou et *al.*, 1995)**.

Par ailleurs, des mécanismes normaux de réparation des mutations de l'ADN existent sous la dépendance de gènes spécifiques et un dysfonctionnement de l'un de ces gènes expose l'individu à la multiplication des mutations et au risque de développement d'un cancer avec une grande fréquence et une survenue plus précoce. Il est rare qu'une seule mutation soit suffisante pour entraîner la transformation maligne. En général, plusieurs mutations de gènes différents sont nécessaires pour l'acquisition d'un phénotype cancéreux. On estime ainsi qu'il faut entre 3 et 7 mutations indépendantes pour transformer une cellule normale en cellule cancéreuse. Ce qui explique le délai souvent long (plusieurs années) entre la première mutation et l'apparition d'un cancer. De ce fait, l'incidence de la plupart des cancers augmente de manière exponentielle avec l'âge. Après la transformation de la cellule normale en cellule cancéreuse, d'autres étapes vont conduire la cellule cancéreuse à la formation d'une tumeur primitive, à l'invasion des tissus ou organes voisins puis à la dissémination à distance sous forme de métastases.

III- Matériels et méthodes :

1-Population de l'étude

L'analyse génétique des polymorphismes est faite sur un ensemble de 52 individus atteints de cancer du poumon de sexe masculin ayant une moyenne d'âge de 64 ans ± 17, de l'hôpital universitaire Tahar Sfar de Mahdia et l'hôpital universitaire Farhat Hached de Sousse. Ce programme de recrutement et de collecte d'échantillons a été effectué entre septembre 2006 et mai 2007.

2-Analyse moléculaire

2-1- Extraction de l'ADN

Pour chaque sujet, 10 ml de sang total sont prélevés dans un tube contenant un anticoagulant qui est l'acide éthylène diamine tétraacétique (EDTA). Ces échantillons sont centrifugés pendant 10 minutes à une vitesse de 3000 tours par minute, ce qui nous permet d'obtenir deux phases :

- un surnageant, qui est le plasma dont on n'a pas besoin pour cette étude.
- un culot, du quel on va extraire l'ADN génomique.

2-2- Principe

Le principe de la méthode consiste à traiter uniquement le lysat cellulaire par une solution saline, dont l'objectif est d'éliminer par précipitation sélective les protéines .Le lysat est centrifugé et après élimination du surnageant, le culot cellulaire contenant les leucocytes est repris dans une solution saline et traité par une solution de lyse des globules blancs. L'ADN nucléaire libéré dans le milieu est traité par la protéinase K, qui a pour but de digérer les protéines associées à l'ADN et les nucléases.

2-3- Protocole expérimental

- **Lyse des globules rouges**

Les hématies sont lysées suite à trois lavages successifs avec de l'eau distillée ajoutée volume à volume. Entre chaque lavage une centrifugation à 3000 tours/minute à +4°C est réalisée pendant dix minutes.

A l'issue de chaque centrifugation, on jette le surnageant et on dissout le culot riche en leucocytes dans un volume de 2 ml d'eau distillée stérile.

A la fin de la troisième centrifugation, on récupère le culot des globules blancs.

- **Lyse des globules blancs**

Le culot des globules blancs est soumis à une lyse alcaline à l'aide d'une solution comprenant :

- Un agent dissociant (120µl SDS à 10%) permettant la libération de la molécule d'ADN de la gaine protéique qui l'entoure.
- Un agent précipitant (20 µl de NaCl 5M) permettant la précipitation des protéines.

- Une enzyme de digestion (20 µl de protéinase K à une concentration de 20 mg/ml) qui va digérer les protéines, notamment celles associées à l'ADN .
- Un agent chélatant (40µl EDTA 0,5M à pH=8 et 20 µl de Tris 1M à pH=7,4) qui va inhiber les DNases évitant ainsi la dégradation de l'ADN.

Cette lyse alcaline se fera à 37°C pendant une nuit.

- ## Récupération de la méduse d'ADN

A l'issue de l'incubation alcaline, les protéines restantes sont de nouveau précipitées au NaCl (1/3 volume ; 5M) à froid (+4°C) pendant 10 min . Par la suite une centrifugation à 3000 tours/min, pendant quinze minutes et à +4°C, permet d'obtenir une phase aqueuse contenant l'ADN et le culot contenant les protéines précipitées.

Le surnageant est alors récupéré et l'ADN précipité à l'aide d'une solution d'éthanol à haute force ionique (2,5 volumes d'éthanol à 100% par volume de surnageant) .Ainsi, on récupére la méduse d'ADN qu'on fait sécher à l'air libre pour éliminer les traces d'éthanol .Enfin,on dissout l'ADN dans 200µl d'eau distillée stérile et qu'on conserve à -20°C pendant quelques jours,voire quelques mois.

2- 4- Evaluation de la concentration et de la pureté de l'ADN

Une première lecture de la densité optique (DO) à 260 nm d'une solution diluée au 1/100 permet d'évaluer la concentration en ADN de l'échantillon.

$$\text{Concentration de l' ADN (en µg /ml)} = DO_{260} \times 50 \times 100$$

Avec :

- 100 est le facteur de la dilution.
- Une unité de DO à 260 nm correspond à 50 µg/ml d'ADN double brin.

Une deuxième lecture de la DO à 280 nm permet d'estimer la contamination protéique et le rapport DO 260 / DO280 permet d'évaluer la pureté de l'ADN. Ainsi un ADN est considéré pur lorsque ce rapport est compris entre 1,7 et 2.

3-Technique pour l'étude du polymorphisme génétique : PCR-RFLP

Pour rechercher la présence des polymorphismes dans le gène d'intérêt, on a utilisé la réaction de polymérisation en chaîne (PCR) suivie de coupure sur un site de restriction spécifique de l'altération polymorphique. Cette méthode permet l'analyse des mutations ponctuelles.

3-1- Amplification de la région contenant les sites polymorphiques par PCR

3-1-1- Principe de la Polymerase Chain Reaction (PCR)

La méthode d'amplification enzymatique d'ADN ou PCR est utilisée pour amplifier des fragments d'ADN situés entre deux séquences connues. Elle utilise de façon répétitive l'activité d'une ADN polymérase thermorésistante (la Taq polymérase) pour synthétiser *in vitro* la séquence d'ADN à amplifier selon un procédé d'extension d'amorces.

Ces amorces nucléotidiques monocaténaires de synthèse doivent être complémentaires de 15 à 25 bases situées à chaque extrémité en 5' de la séquence à amplifier. La PCR nécessite de l'ADN cible (sous forme double brin : dbADN), deux amorces, des désoxyribonucléotides triphosphates (dNTP) et une ADN polymérase, le tout est mis dans un tampon permettant à la fois une bonne hybridation entre séquences complémentaires et un fonctionnement correct de l'enzyme.

Après dénaturation de l'ADN cible par la chaleur, les amorces s'hybrident en se fixant sur leurs sites complémentaires respectifs, puis la Taq polymérase allonge chacune des amorces en synthétisant deux nouveaux brins complémentaires de la matrice dans le sens $5' \longrightarrow 3'$ en incorporant les quatre dNTP .

Ces trois étapes de dénaturation (94°C), d'hybridation (63°C) et d'élongation (72°C) sont répétées plusieurs fois. Après n cycles, à partir d'un seul ADN cible, le nombre théorique de copies obtenues est de 2^n. **(Figure 7)**

Le rendement obtenu dans de bonnes conditions serait en général compris entre 60 et 85 % surtout pendant les 35 et 45 premiers cycles où la production reste de type exponentiel.

Les facteurs limitants sont l'épuisement des amorces et celui des nucléotides. La spécificité d'amplification d'une séquence donnée sera directement liée à celle des amorces choisies.

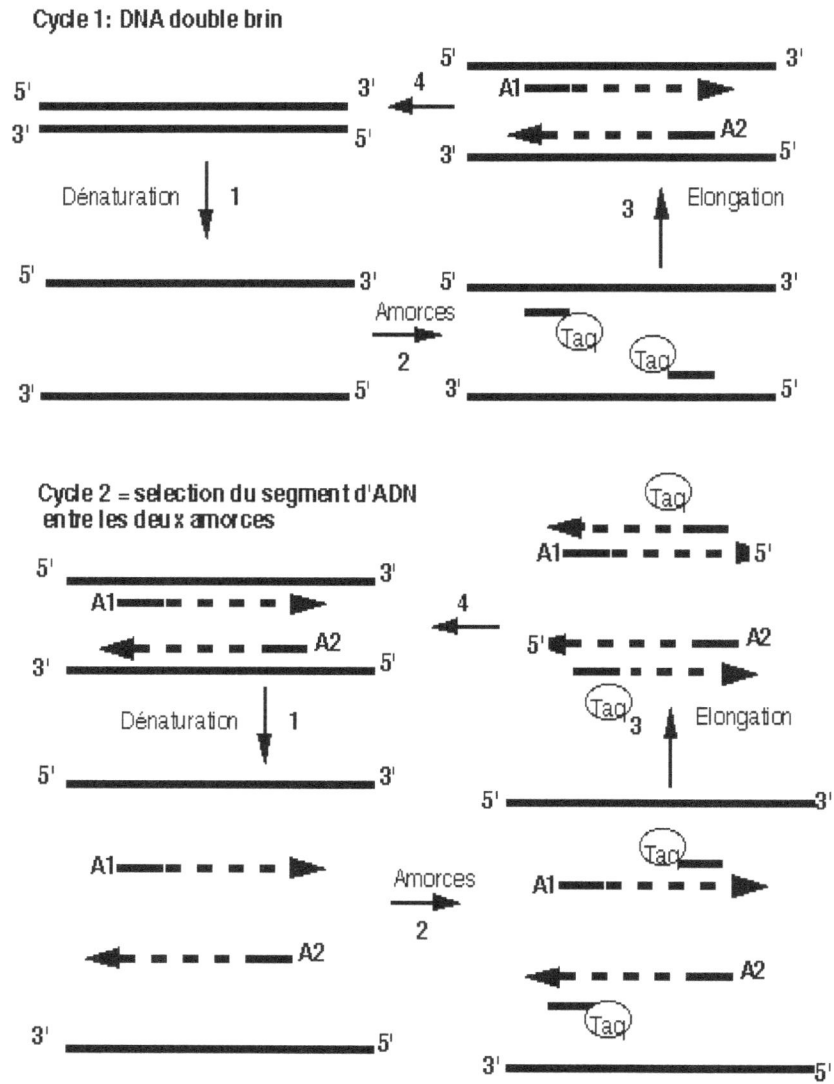

❖ **Figure 7: Principe de la PCR.**

3-1-2- Conditions de la PCR et Choix des amorces

- Leurs longueurs, généralement voisine de 20 nucléotides, doivent permettre une hybridation rapide avec une séquence unique.
- Il est préférable que la composition en bases soit équilibrée (éviter les longues répétitions de GC) et que les Tm des amorces ne soient pas trop différents l'un de l'autre.
- Les séquences des amorces ne doivent pas permettre la formation d'épingle à cheveux ni d'hybride entre amorces

❖ **Tm des amorces**

Les amorces doivent avoir une Tm d'hybridation d'au moins 5 °C au dessus de la température utilisée pour l'hybridation. Plus cette valeur sera élevée, plus l'amplification sera spécifique.
La Tm peut être estimée par la formule suivante :

$$Tm = (4°C \times nombre\ de\ G\ et\ C) + (2°C \times nombre\ de\ A\ et\ T)$$

❖ **Concentration des amorces**

En cas d'excès d'amorces, il y a diminution du taux d'amplification de la séquence cible. Ceci s'explique par l'hybridation des amorces, par leurs extrémités, donnant lieu à la formation d'un dimère d'amorce lors de l'amplification.

❖   **pH**

Comme toute réaction biochimique, le pH doit rester constant et correspondre au pH optimal de l'enzyme utilisée. Pour la Taq polymérase, nous utilisons généralement des concentrations de 10 à 50mM de tampon Tris-HCl à pH compris entre 8.3 et 9.

❖   **Concentration en sel**

L'augmentation de la concentration facilite l'hybridation et stabilise les hybrides. D'un autre côté, une haute force ionique inhibe la polymérase. La concentration optimale ne peut donc résulter que d'un compromis.

3-2- Protocole de travail

Pour les trois sites polymorphes, la recherche est faite par amplification par PCR-RFLP (Restriction Fragment Length Polymorphism)

La PCR se fait dans un volume final de 50 µl, contenant :

- 20 ng d'ADN génomique dans un volume finale 20µl
- 0,5 µmol /l de chaque amorce
- 200 m mol/l de dNTPs (dATP,dGTP,dTTP,dCTP)
- 10 µl tampon PCR 1X
- 2.5 Mm Mgcl$_2$
- 0,5 unités de Taq DNApolymérase
- le volume est complété par de l'eau distillée stérile.

L'amplification a été réalisée par un appareil thermocycleur. Le programme d'amplification est le suivant :

35 cycles comprenant :

- 30 secondes de dénaturation à 94℃
- 1min d'hybridation : plusieurs températures ont été testées.
- 1min d'élongation à 72℃

> Pour le **site 1** qui est amplifié pour étudier la présence ou non des mutations **(T6235C) et (T5639C)**.

Les amorces utilisées ont pour séquences les suivantes :

M3F : 5' GGCTGAGCAATCTGACCCTA 3'
P80 : **5'** TAGGAGTCTTGTCTCATGCCT 3'

> Pour le **site 2** qui est amplifié pour étudier la présence ou non la mutation **(C4887A)**.

Les amorces utilisées ont pour séquences les suivantes :

M2F : 5' CTGTCTCCCTCTGGTTACAGGAAGC 3'
M2R : 5' TTCCACCCGTTGCAGCAGGATAGCC 3'

3-3- Etape de la vérification des produits d'amplification par PCR

On prépare un gel d'agarose à 2% contenant 1g d'agarose et 50 ml de TBE 1X. On met ce mélange dans un four à micro-ondes pendant quelques secondes jusqu'à ce que la préparation devienne limpide. Lorsqu'elle sera tempérée, on y ajoute 10 µl de BET à 5 µg/ml. Après avoir placé le peigne dans la cuve à électrophorèse, on coule le gel et on le laisse refroidir. Une fois le gel solidifié, on enlève le peigne et on l'émerge par le tampon TBE 1X.

On dépose un échantillon de produit de PCR dans chaque puit du gel (8µl).

Un puit sera réservé au marqueur de poids moléculaires.

La migration se fait à l'aide d'un générateur à 100 volts pendant 40 minutes. La lecture du gel s'effectue sous rayonnements ultraviolets. On obtient une bande unique amplifiée de 899 pb pour l'amplification de la mutation (T5639C) de même pour la mutation (T6235C).

Pour la mutation (C4887A), on obtient une bande amplifiée de 204 pb. Les résultats des amplifications ont été photographiés.

3-4- Restriction enzymatique de l'ADN amplifié

On met en évidence la présence ou l'absence des mutations recherchées en utilisant la capacité des enzymes de restriction de couper l'ADN en reconnaissant des séquences spécifiques. Ainsi une enzyme peut couper l'ADN au niveau d'une région précise s' il possède cette séquence.

A 8 µl de produit d'amplification, on ajoute 5 Unité de l'enzyme de restriction MspI pour les mutations en position (T6235C) et (T5639C) à 37°C. La digestion enzymatique se fait pendant une nuit.

Pour la mutation (C4887A) on ajoute 2 Unité de l'enzyme de restriction BsaI. La digestion se fait à 55° pendant 1 heure.

3-5-Analyse du polymorphisme du gène CYP1A1

a- Le polymorphisme analysé du gène CYP1A1 pour la transition T/C aux positions T6235C et T5639C, entraînant l'apparition du site de restriction de l'enzyme MspI.

5'......C ↓CG G......3'
3' ......G GC ↑C .... 5'

❖ **Figure 8** : **Séquence reconnue par MspI**

Selon la présence ou l'absence de la mutation trois situations se présentent :

T6235C :

- CYP1A1- 1 : 6235 T/T (899 pb).
- CYP1A1- 2 : 6235 T/C (899 pb, 693 pb, 206 pb) .
- CYP1A1- 3 : 6235 C/C (693 pb, 206 pb) .

T5639C :

- CYP1A1-1 : 5639 T/T (899 pb)
- CYP1A1-2 : 5639 T/C (802 pb, 899 pb, 97 pb)
- CYP1A1-3 : 5639 C/C (802 pb, 97 pb)

b- Pour le polymorphisme du gène CYP1A1 pour la translation C/A en position 4887 , entraînant l'apparition du site de restriction de l'enzyme BsaI

5'....G G T C T C (N)$_1$↓ ....3'
3' ...C C A G A G (N)$_5$↑.....5'

❖ **Figure 9 : Séquence reconnue par l'enzyme BsaI.**

<u>**C4887A :**</u>

- CYP1A1-1: 4887 C/C (139 pb, 65 pb).
- CYP1A1-2: 4887 C/A (204 pb , 139 pb, 65 pb).
- CYP1A1-3 : 4887 A/A (204 pb).

IV- Résultats :

1 - Extraction de l'ADN

Le tableau ci-dessous représente quelques exemples de concentrations d'ADN d'échantillons sanguins des patients.

Echantillon N°	DO 260	DO 280	Concentration D'ADN en g/ml	R=DO 260 / DO 280
1	0,014	0,008	0,07	**1,75**
2	0,026	0,014	0,13	**1,85**
3	0,031	0,018	0,155	**1,72**
4	0,017	0,010	0,085	**1,7**
5	0,036	0,019	0,18	**1,89**
6	0,037	0,020	0,185	**1,85**
7	0,030	0,016	0,15	**1,87**
8	0,033	0,017	0,165	**1,94**
9	0,041	0,023	0,205	**1,78**
10	0,012	0,006	0,06	**2**
11	0,100	0,058	0,50	**1,72**

❖ **Tableau 4 : Concentrations d'ADN de quelques échantillons sanguins de patients et leur densité optique.**

Les rendements d'extraction varient d'un échantillon à un autre. En effet, ceci pourrait être lié à des différences de manipulation comme il pourrait être dû à une différence de conditions de prélèvements.

Le rapport de pureté R varie de 1,7 à 2 ce qui indique que l'ADN est de pureté satisfaisante, sans contamination protéique.

2 - Analyse des polymorphismes T6235C et T5639C du gène CYP1A1

2-1- Amplification par PCR des sites polymorphes T6235C et T5639C

Le programme PCR qui nous a permis d'élucider l'amplification de la région contenant les sites polymorphes en positions 6235 et 5639 est le suivant :

➢ 2 minutes de <u>dénaturation initiale</u> de l'ADN à 94 ° C

- 30 secondes de <u>dénaturation</u> à 94°C

- 1 minute <u>d'hybridation</u> à 63°C   Ce cycle est répété 35 fois

- 1 minute <u>d'élongation</u> à 72° C

➢ 7 minutes <u>d'élongation</u> à 72°C

Ce programme a permis d'obtenir l'amplification spécifique mise en évidence après analyse des produits PCR sur gel d'agarose à 2%. Le résultat est représenté sur la figure suivante

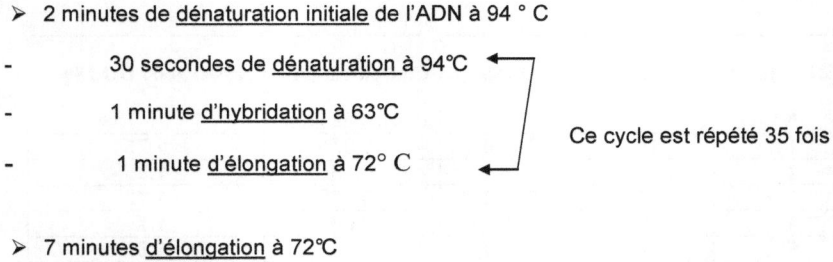

                P 1   P 2   P3   M

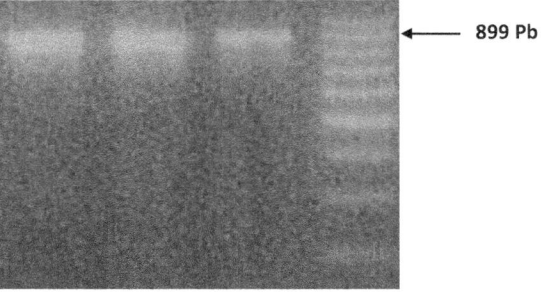

899 Pb

❖   **Figure 10:**   **Photo**   **du**   **gel**   **d'agarose**   **qui**   **montre l'amplification de la région contenant les sites polymorphes 6235 et 5639.**

Une bande unique et intense de 899 pb prouve clairement que l'amplification a lieu. Ce qui nous permis de conserver la même condition de PCR spécifique pour le reste de la manipulation.

- P 1, P 2, P 3 : produit PCR
- M : marqueur de poids (100 pb)

2-2-Digestion enzymatique par l'enzyme de restriction Msp I

Les produits PCR sont soumis à une digestion par l'enzyme de restriction Msp I Cette enzyme a deux sites de coupures au niveau de ce fragment d'ADN qui sont situés aux positions 6235 et 5639 au niveau de la région 3' UTR non codante du gène CYP 1A1.

2-2-1- A la position 6235

Trois cas peuvent se présenter, selon la présence ou l'absence de la mutation :

- **1 ère cas** : CYP 1A1 : 6235 T-T (899 pb) : pas de transition T/C dans les deux allèles.

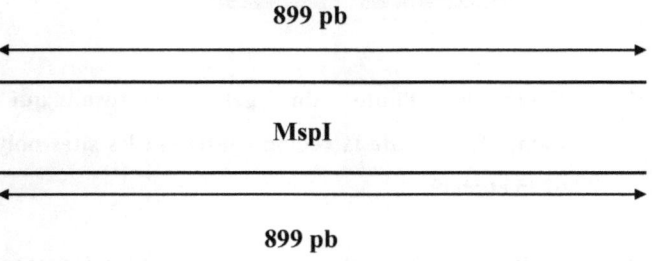

899 pb

899 pb

(individus de type sauvage)

- **2 ème cas** : CYP1A1 : 6235 C-C (693 pb, 206 pb) : transition T/C dans les deux allèles.

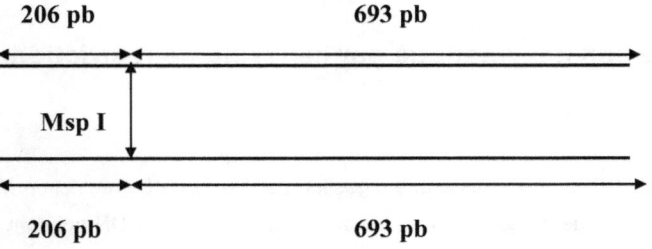

206 pb   693 pb

206 pb   693 pb

(individus mutants homozygotes)

- 3ème cas : CYP1A1 : 6235 T-C (899 pb, 693 pb, 206 pb) : transition T/C dans un seul allèle.

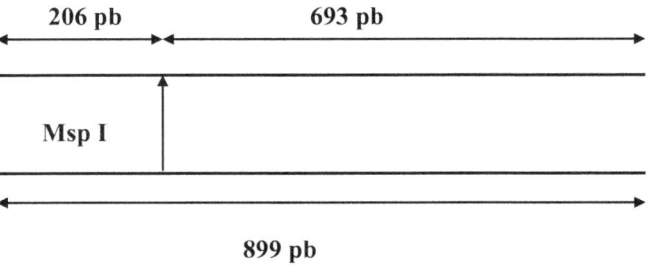

(individus mutants hétérozygotes)

2-2-2- A la position 5639

Selon la présence ou l'absence de mutation, on observe aussi trois cas :

- 1ère cas : CYP1A1 :5639 T-T (899 pb) : pas de transition T/C dans les deux allèles

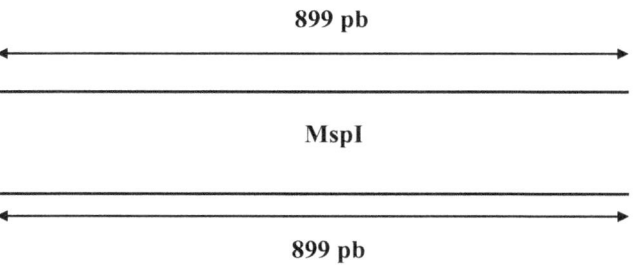

(individus de type sauvage)

-2ère cas : CYP1A1 : 5639 C-C (802 pb, 97pb) :transition T/C dans les deux allèles.

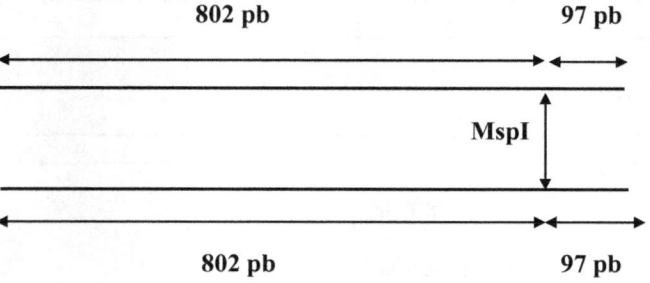

(individus mutants homozygotes)

- 3ème cas : CYP1A1 : 5639 T-C (899 pb, 802 pb, 97 pb) : transition T/C dans un seul allèle.

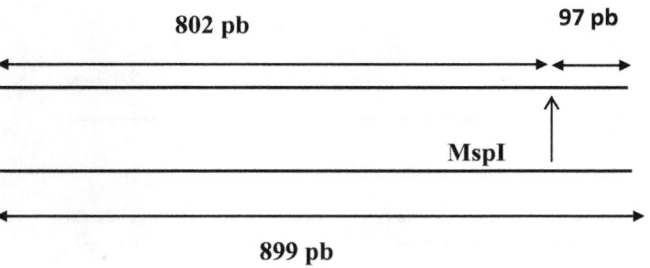

(individus mutants hétérozygotes)

3- Conditions de la digestion enzymatique des sites polymorphes étudiés de CYP1A1 à la position T6235C et T5639C :

On utilise 5 unités de l'enzyme MspI dans le mélange réactionnel et nous avons fixé un temps d'incubation de 24 heures, à 37℃, pour nos échantillons. Le résultat de la digestion enzymatique est montré dans la figure suivante :

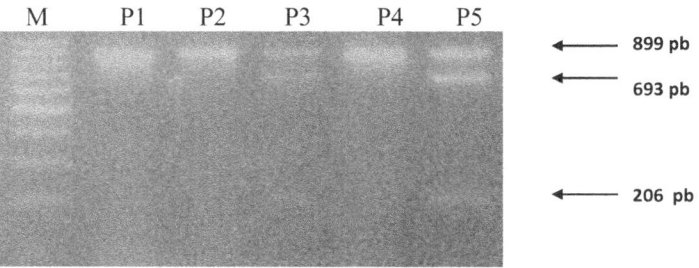

❖ **Figure 11 : gel d'agarose montrant les résultats de la digestion enzymatique avec 5U de MspI à 37°C**

Ce gel d'agarose montre :

- M : marqueur de poids (100 pb)
- Puit 1 : produit PCR
- Puit 2 : individu sauvage
- Puit 3 : individu hétérozygote
- Puit 4 : individu sauvage
- Puit 5 : individu hétérozygote

En analysant le résultat de la digestion pour les 52 individus, nous avons relevés le nombre de sauvages et de mutants concernant les deux sites polymorphes (6235) et (5639).

Sur 52 individus testés, on trouve pour le site polymorphe **T6235C** :
- individus sauvages : **63,46 %**
- individus hétérozygotes : **36,54 %**
- individus homozygotes mutants : **0 %**

Pour le site polymorphe (5639), tous les individus testés sont de type sauvage.

❖ **Tableau 5** : **Les génotypes et les fréquences alléliques dans la population étudiée pour les mutations 6235 et 5639, sont décrits dans le tableau ci-dessous :**

Locus	Génotype (n=52) (%)	Allèle (2n=104)
CYP1A1 **(6235 /MspI)**	-/- 33 (63,46 %) +/- 19 (36,54 %) +/+ 0 (0 %)	Allèles sauvages (0,817) Allèles mutés (0,183)
CYP1A1 **(5639 /MspI)**	-/- 52 (100 %) +/- 0 (0 %) +/+ 0 (0 %)	Allèles sauvages (1) Allèles mutés (0)

n ,nombre total d'individus testés

-/- individus de type sauvage

+/- individus de type hétérozygote

+/+ individus de type homozygote mutant

4-Analyse de polymorphisme C4887A du gène CYP1A1

4-1- Amplification par PCR des sites polymorphes C4887A

Le programme PCR qui nous a permis l'amplification de la région contenant le site polymorphe en position 4887 est le suivant :

➢ 2 minutes de dénaturation initiale de l'ADN à 94 ° C

- 30 secondes de dénaturation à 94°C
- 1 minute d'hybridation à 63°C
- 1 minute d'élongation à 72° C

Ce cycle est répété 35 fois

➢ 7 minutes d'élongation à 72°C

Ce programme a permis d'obtenir l'amplification spécifique mise en évidence après analyse des produits PCR sur gel d'agarose à 2%. Le résultat est représenté sur la figure suivante :

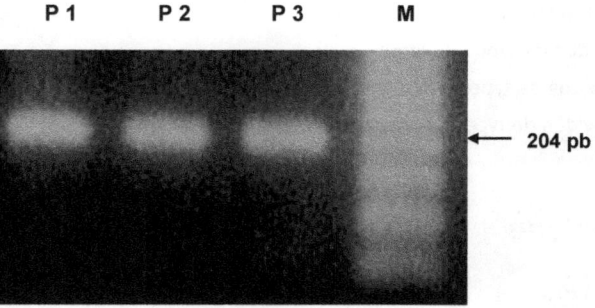

P 1   P 2   P 3   M

← 204 pb

❖ **Figure 12 : Photo du gel d'agarose qui montre l'amplification de la région contenant le site polymorphe 4887**

La bande unique à 204 pb indique que l'amplification de la région contenant le site polymorphe 4887 est réalisée.

- P1,P2 et P3 : produit PCR
- M :marqueur de poids (50 pb)

4-2- Digestion enzymatique par l'enzyme de restriction Bsa I

Les produits PCR sont soumis à une digestion par l'enzyme de restriction BsaI
au niveau de la position 4887 situe sur l'exon 7 de l'ADN .

Selon la présence ou l'absence de mutation, on observe aussi trois cas :

-1ère **cas** : CYP1A1 : 4887 C-C (139 pb, 65 pb) :

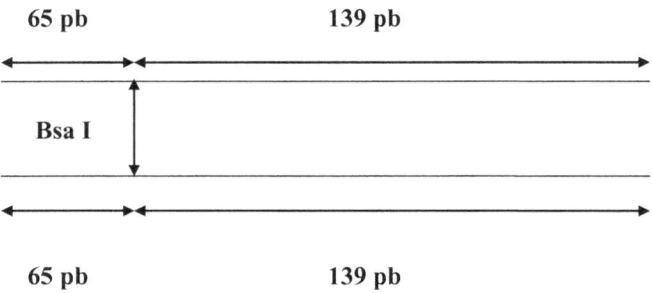

(individus de type sauvage)

-3ème **cas :** CYP1A1 : 4887 C-A (204 pb, 139 pb, 65 pb) :

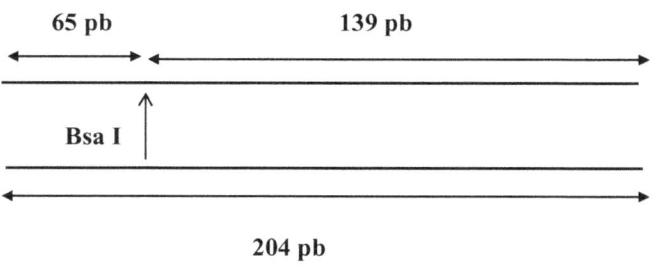

(individus mutant hétérozygotes)

-3ème cas : CYP1A1 : 4887 A-A (204 pb) :

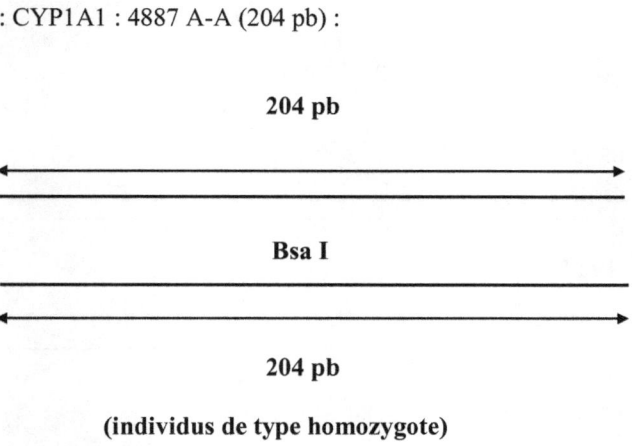

204 pb

Bsa I

204 pb

(individus de type homozygote)

4-3- Conditions de la digestion enzymatique du site polymorphe étudié de CYP1A1 à la position C4887A

Pour déterminer la présence ou non de site polymorphe (C4887A) .On utilise 2 unités de l'enzyme BsaI, dans le mélange réactionnel pendant un temps d'incubation de 1 heure, à 55°C.

Les résultats de la digestion enzymatique sont montrés dans la figure suivante :

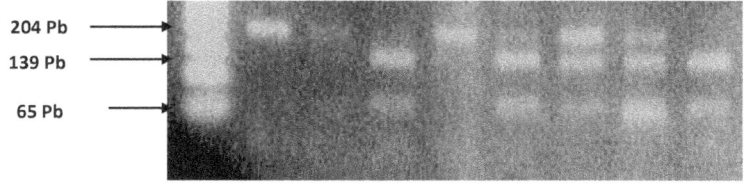

- **Figure 13 : gel d'agarose montrant le résultats de la digestion enzymatique avec 2U de BsaI à 55 °C pour le site polymorphe 4887.**

Ce gel d'agarose montre :

- M : marqueur de poids (50 pb)
- Puit 1 : produit PCR
- Puit 2 : non identifié (quantité d'ADN très faible)
- Puit 3 : individu sauvage
- Puit 4 : individu homozygote
- Puit 5 : individu sauvage
- Puit 6 : individu hétérozygote
- Puit 7 : individu hétérozygote
- Puit 8 : individu sauvage

En analysant les résultats de la digestion pour les 52 individus, nous avons relevés le nombre de sauvages et de mutant concernant le site polymorphe **C4887A**.

- individus sauvages : **75 %**
- individus hétérozygotes : **23,08 %**
- individus homozygotes mutants :**1,92 %**

❖ **Tableau 6 : Les génotypes et les fréquences alléliques dans la population étudiée pour la mutation C4887A, sont décrits dans le tableau ci-dessous.**

Locus	Génotype (n=52) (%)	Allèle (2n=104)
CYP1A1 **(4887 / BsaI)**	-/- 39 (75 %) +/- 12 (23,08 %) +/+ 1 (1,92 %)	Allèles sauvages (0,865) Allèles mutés (0,135)

n : nombre total d'individus testés

-/- : individus de type sauvage

+/- : individus de type hétérozygote

+/+ : individus de type homozygote mutant

5- Conclusion :

Le tableau ci-dessous montre le pourcentage des fréquences alléliques des mutations de CYP1A1 aux positions 6235, 5639 et 4887 chez notre population d'étude.

Positions	6235	5639	4887
Fréquence de la mutation	18,26 %	0 %	13,46 %

Tableau 8 : Fréquences allèliques des trois mutations de CYP1A1 étudiées

V- Discussion :

Le tabac est un facteur de risque essentiel du cancer de poumon. De nombreux composés de la fumée de tabac sont potentiellement cancérigènes. Parmi ceux-ci ,les hydrocarbures aromatiques polycycliques (HAP) sont les plus étudiés et semblent jouer un rôle majeur. C'est le cas de benzo(a)pyrène que plusieurs études épidémiologiques ont montré son rôle comme un facteur de risque dans le déclanchement du cancer de poumon chez les fumeurs.

Plusieurs enzymes participent dans le métabolisme de benzo(a)pyrène tel que l'isoenzyme CYP1A1 pendant la première phase (fonctionnalisation) et son polymorphisme génétique est à l'origine de son déficit enzymatique et pouvait être un facteur de risque pour le cancer de poumon **(Kawajiri et *al.*, 1995)**. En effet, cette enzyme est inductible et cette inductibilité est sous contrôle génétique. L'individu dont le taux d'induction pour cette enzyme est fort, ont un risque de développer un cancer du poumon. **(Kiyohara *al*., 1998)**.

Parmi plusieurs sites polymorphes localisés au niveau du gène de CYP1A1, trois ont fait l'objet de notre étude: **(T6235C)**,**(T5639C)** et **(C4887A)**. Chez certaines populations, ces sites sont associés à une susceptibilité génétique à plusieurs types de cancers dont le cancer de poumon **(Kim et *al*., 2004 ;Yang et *al*.,2004)**.

En effet, ce polymorphisme est associé à une activité enzymatique élevée et les individus porteurs de l'allèle mutant auraient un risque plus grand de développer un cancer même pour une faible exposition aux carcinogènes.

Notre étude a porté sur 52 individus, tous de sexe masculin car nous n'avons pas trouvé de sujet atteint de cancer de poumon de sexe féminin pendant la période de nos prélèvements qui s'est étendue de Septembre 2006 à Mai 2007.

Le premier polymorphisme étudie la mutation **(T6235C)** chez nos 52 patients atteints de cancer de poumon. Cette mutation implique une transition de la thymidine en cytosine à la position 6235 localisée dans la région 3' UTR de l'ADN génomique. Elle détermine trois génotypes différents, appelés les m1/m1, qui sont des homozygotes pour l'allèle de type sauvage et ne présente pas de site de restriction pour MspI, m1/m2, et m2/m2 qui sont respectivement, les hétérozygotes et les homozygotes pour l'allèle mutant et qui ont l'emplacement pour MspI. Les individus avec l'allèle mutant montrent l'activité accrue d'AHH. Cette mutation est très importante chez les populations asiatiques coréennes et chinoises. **(Kim et *al*., 1999; Mihi et *al*., 2007; Song et *al*., 2001)**. Une corrélation entre le polymorphisme CYP1A1 (Msp I) et susceptibilité de cancer de poumon a été observée également chez les japonais **(Hayashi et *al*.,1992)**. D'après ces auteurs, le polymorphisme MspI qui est de fréquence très élevé dans les populations asiatiques est associé à un taux élevé de cancer du poumon chez ce type de population. Par contre cette mutation est moins fréquente chez d'autres populations comme la population grecque **(Dialyna et *al*., 2003)**, allemande **(Drakoulis et *al*., 1994)** ou belge **(Jacquet et *al*., 1996)**. Ceci n'empêche que ces auteurs estiment que le polymorphisme CYP1A1 (MspI) a un grand risque d'initier un processus tumoral dans le poumon dans leur population. **Xu et *al*., 1996** ont également démontré une association significative entre les polymorphismes CYP1A1 (Msp I) et risque de cancer de poumon dans la population des Etats-Unis, même après exclusion des non Caucasiens de l'analyse.

Pour notre échantillon de 52 patients atteints de cancer de poumon, la fréquence allélique de cette mutation **(T6235C)** est de **18,26%**. Nous avons comparé nos résultats avec une étude faite dans notre laboratoire, du polymorphismes CYP1A1 (MspI) sur un échantillon de 60 sujets sains (Chouchène, 2006). Cette comparaison montre que la fréquence de mutation de notre échantillon de malades de cancer de poumon est plus élevée (18,26 %) que celle observée chez l'échantillon de sujets sains (7,5%). Il semble qu'il y a une probable relation entre l'apparition du cancer de poumon et la mutation **T6235C (Tableau 10)**. Le teste x^2 (logiciel Finetti) nous montre une association significative entre maladie et la mutation :

$$x^2 = 5,91 > 3,84 \text{ avec ddl} = 1$$

3,84 : valeur seuil pour ddl=1(ddl :degré de liberté)

Notre échantillon est en équilibre de Hardy- Weinberg et l'association allélique est significatif P=0,01 (soit P<0,05).

Le test odd ratio a confirmé nos résultats. En effet, une transition de la thymidine en cytosine (T→ C) à la position 6235 augmente de 2,75 fois le risque d'avoir la maladie. **(Tableau 10)**.

Type de mutation CYP1A1 (T6235C/MspI)	Pourcentage chez les sujets sains	Pourcentage chez les sujets malades	OR(95% CI)
Type sauvage (- /-)	86,67%	63,46%	2,75 [1,188-6,398]
Type hétérozygote (+/-)	11,67%	36,54%	
Type homozygote (+/+)	1,66%	0%	

❖ **Tableau 10 : Pourcentages des différents génotypes de la mutation CYP1A1(T6235C/MspI) chez les sujets sains comparer aux sujets malades.**

- OR : odds ratio
- CI :intervalle de confiance

Mais il faudrait confirmer cette hypothèse par une étude beaucoup plus approfondie en augmentant le nombre de patients atteints de cancer de poumon et en élargissant les prélèvements sur d'autres zones de notre pays.

La comparaison de nos résultats avec d'autres ethnies nous montre que la fréquence de la mutation **T6235C** de notre groupe de 52 patients atteints de cancer de poumon est plus élevée que celle observée chez les populations européennes atteints de cancer de poumon mais moins importante que celle des populations asiatiques (atteints de cancer de poumon) **(Tableau 11)**. Par contre elle est semblable à celle observée chez la population turque: 19,4% **(Demir et al., 2005)** . Cette étude turque démontre bien qu'il y a une corrélation entre ce type de mutation **(T6235C)** et le cancer de poumon.

Population	T6235C	T5639C	C4887A
Tunisienne	**18,26**	**0**	**13,46**
Turque (Demir et *al*., 2005)	19,4	0	—
Caucasienne Américaine (García-Closas et *al*., 1997)	18	0	—
Allemande (Drakoulis et *al*.,1994)	8,5	0	2,9
Grecque (Dialyna et *al*., 2003)	4,1	0	—
Chinoise (Song et *al*., 2001)	42,6	0	0
Coréen (Kim et *al*., 1999 ; Mihi et *al*., 2007)	29,4	0	0
Afro américain (Taioli et *al* ., 1998)	24,4	8,7	4,85

❖ Tableau 11: Distribution des fréquences alléliques (en %) des mutations de CYP1A1 dans différentes populations de patients atteints par le cancer de poumon.

Le deuxième polymorphisme étudie la mutation **(T5639C)**. Elle est localisée dans la région 3' UTR de l'ADN génomique .Il s'agit d'une substitution de la thymidine par la cytosine à la position 5639.

Cette mutation est absente dans notre étude de 52 patients atteints de cancer de poumon comme c'est le cas de l'étude de l'échantillon des 60 sujets sains faite dans notre laboratoire **(Chouchène, 2006)**. Cette mutation est également absente chez les autres ethnies : turque, européenne, caucasienne américaine et aussi chez les asiatiques **(Tableau 11)**. Elle est décrite uniquement chez les afro-américain et il est établi que les individus porteurs de l'allèle mutant auraient un risque élevé de développer un cancer de poumon ; alors que il n'a pas une association significatif entre le cancer de poumon ,dans ce type de population, et les mutations **T6235C** et **C4887A** . **(Taioli et al.,1998) (Tableau 11)**. Ce site polymorphe **(T5639C)** semble spécifique à la population noire **(Crofts et al.,1993)**.

Le troisième polymorphisme qui implique une substitution de la cytosine par une adénine à la position **4887** de l'exon 7 entraînant un changement de la thréonine en asparagine au niveau du résidu 461 a été décrit par **Cascorbi et al** en **1996**.
Ce polymorphisme est absent chez les population asiatique (**Kim et al .,1999 ; Mihi et al., 2007; Song et al., 2001 ;Hayashi et al.,1992)**. Il paraît de fréquence négligeable chez les populations européennes, nous avons trouvé une seule étude faite sur cette mutation, sur une population allemande **(Drakoulis et al., 1994)**.

Pour notre échantillon d'étude, la fréquence de cette mutation **(A4887C)** est de **13,46%**. L'étude de ce polymorphisme n'est pas encore faite chez nos sujets sains pour pouvoir faire une comparaison.

La comparaison de nos résultats avec d'autres études montre que cette fréquence que nous avons trouvé est élevée par rapport à la population afro-américaine (8,7 %) **(Taioli et al., 1998)** et est nettement plus élevée par rapport à l'étude allemande (2,9%) **(Drakoulis et al., 1994)**. Ce polymorphisme est très peu étudié et ne semble pas être un risque majeur de déclanchement d'un cancer de poumon dans la population caucasienne **(Cascorbi et al.,1996)**.

La répartition de nos 52 individus suivant qu'ils sont fumeurs ou non fumeurs et la distribution génétique pour les 3 mutations étudiés **T6235C** ,**T5639C** et **C4887A (Tableau 12)** se fait ainsi :

- 3,8 % (n = 2) sont non fumeurs
- 5,8 % (n = 3) sont fumeurs légers (≤ 20 PA)
- 65,4 % (n = 34) des patients sont des fumeurs moyens (> 20 PA et ≤ 50 PA). Parmi ce groupe de 34 patients 44 % sont hétérozygotes pour la mutation T6235C et 29 % sont hétérozygotes pour la mutation 4887.
- 25 % des patients (n = 13) sont de grands fumeurs (> 50 PA) dont près de ¼ (23 %) sont hétérozygotes pour la mutation T6235C).

(Wang et *al.*, 2003) ont trouvé des résultats analogues aux nôtres, c-à-d que chez 164 patients chinois atteints de cancer de poumon,18 % sont fumeurs légers, 32 % sont fumeurs moyens et 20 % sont de grands fumeurs. D'après l'analyse de cette équipe, ceux sont les fumeurs moyens qui ont le plus grand risque de cancer de poumon. Cette équipe chinoise ne donne aucune explication à leurs résultats.

Type de fumeur	Nombre et fréquence	Mspl (T6235C)	Mspl (T5639C)	Bsal (C4887A)
Non fumeur	N= 2 (3,8%)	**(-/-)** n= 2 (100%)	0	**(-/-)** n=1 (50%) **(+/+)** n=1 (50%)
≤20 PA	N= 3 (5,8%)	**(-/-)** n=2 (66%) **(+/-)** n= 1 (33%)	0	**(-/-)** n=2 (66%) **(+/-)** n=1 (33%)
20 PA< < 50PA	N= 34 (65,4%)	**(-/-)** n=19 (55,9%) **(+/-)** n=15(44,1%)	0	**(-/-)** n=24 (70,6%) **(+/-)** n=10 (29,4%)
> 50 PA	N= 13 (25%)	**(-/-)** n=10 (76,9%) **(+/-)** n=3 (23,1%)	0	**(-/-)** n=12 (92,3%) **(+/-)** n=1 (7,7%)

❖ **Tableau 12 : type de fumeur et distribution génétique**

- **≤20 PA : individus consommant moins de 20 paquets de cigarettes par an**
- **20 PA < < PA 50 : individus consommant entre 20 et 50 paquets par an**

- **> 50 PA : individus consommant plus que de 50 paquets de cigarettes par an**

PA :(Paquets par an) :est le nombre de paquets de cigarettes fumé par l'individu par jour ,multiplier par le nombre des années dont il a fumé de façon continue.

VI- Conclusion :

Le CYP 1A1 de la famille 'cytochrome' P-450, qui s'exprime principalement dans les tissus extra hépatiques et notamment au niveau des poumon, intervient dans le métabolisme des xénobiotiques tel que ceux présents dans la fumée du tabac. Cet enzyme est l'un des enzymes qui présentent un polymorphisme important dont a étudié 3 des ces polymorphismes qui sont :**(T6235C)**,**(T5639C)** et **(C4887A)**. Plusieurs études épidémiologiques ont rapporté une variabilité élevée dans la distribution des fréquences alléliques de ces polymorphismes selon les groupes ethniques chez des patients atteint de cancer de poumon. Nous nous sommes intéressés à étudier ces polymorphismes chez nos patients atteints de cancer de poumon.

Le caractère polymorphe du gène de l'enzyme a été confirmé dans l'échantillon étudié et les polymorphismes d'intérêt ont pu être étudier par amplification par PCR des régions désirées du gène du CYP1A1,suivie par une digestion enzymatique .

Cette étude nous a donc permis d'estimer les fréquences allèliques et les distribution génotypiques de trois polymorphismes **(T6235C)**, **(T5639C)** et **(C4887A)** de CYP1A1 et les comparer avec autres échantillons d'ethnies déférentes et aussi la susceptibilité de la mutation T6235C à initier un cancer de poumon , qui peut être confirmer par une étude plus approfondie qui couvre un nombre plus grand des patients et des deux sexes dans tous les région de la Tunisie pour élucider cette relation entre ces polymorphisme et cancer de poumon très importante pour la prévention de ce type de maladie.

VII- References bibliographiques :

A

- Anandatheerthavarada H K, Addya S, Dwivedi R S, Biswas G, Mullick J and Avadhani NG. Localization of multiple forms of inducible cytochromes P450 in rat liver mitochondria: immunological characteristics and patterns of xenobiotic substrate metabolism.*Archives Of Biochemistry And Biophysics* .1997 ; <u>339</u> :136-150.

B

- Bartsch H, Nair U, Risch A, et al. Genetic polymorphism of CYP genes,   alone or in combination, as a risk modifier of tobacco-related cancers. *Cancer Epidemiol Biomarkers* Prev. 2000;<u>9</u>:3–28.

- Belpaire F.M,M.G.Bogaert : Cytochrome P450: genetic polymorphism and drug interactions. *Acta Clinica Belgica.* 1996 ;<u>51</u> : 254-260.

- Benhamou S ,Bonaiti-Pellie C.*Annales de biologie clinique* .1995, <u>53</u> : 507-513.

- Bertz RJ, Granneman GR. Use of in vitro and in vivo data to estimate the likelihood of metabolic pharmacokinetic interactions.*Clin Pharmacokinet*.1997 ; <u>32</u> : 210-58.

- Brown CH.Overview of drog interactions modulated by cytochrome P450.*US Pharmacist* .2001; <u>26</u>:26-45.

C

- Cascorbi I, Brockmoller J, Roots I. C4887A polymorphism in exon 7 of human CYP1A1: population frequency, mutation linkages, and impact on lung cancer susceptibility. *Cancer Res* .1996; <u>56</u>: 4965-9.

- Chevalier D, Allorge D, Lo-Guidice J. M ,Cauffez C, Lhermitte M, Lafitte JJ and Broly F.: Detection of known and two novel (M331I and R464S) missense mutations in the human CYP1A1 gene in a French Caucasian population. *Hum. Mutat.* 2001 ; <u>17</u>:355.

- Chouchéne Hanéne ,Genotypage d'une isoenzyme CYP1A1de cytochrome P-450 chez une population tunisienne. Master ;2006.

- Conney AH. Induction of drug-metabolizing enzymes:a path to the discovery of multiple cytochromes P450.Annu Rev Pharmacol Toxicol.*Ann Biol Clin Qué.* 2003;<u>43</u> :1-30.

- Crofts F, Cosma GN, Currie D, Taioli E,Toniolo P and Garte S J. A novel CYP1A1 gene polymorphism in African-Americans. *Carcinogenesis*.1993 ; <u>14</u>:1729-1731.

D

- Demir A,Altin S,Demir I,Koksal V,Cetincelik U,Dincer I. The role of CYP1A1 Msp1 gene polymorphisms on lung cancer development in Turkey.. *Tuberk Toraks.* 2005;<u>53</u>:5-9.

- Dialyna IA, Miyakis S, Georgatou N, Spandidos DA. Genetic polymorphisms of CYP1A1, GSTM1 and GSTT1 genes and lung cancer risk. *Oncol Rep* .2003; 10: 1829-35.

- Drakoulis N, Cascorbi I,Brockmoller J,Gross CR,Roots I. Polymorphisms in the human CYP1A1 gene as susceptibility factors for lung cancer: exon-7 mutation (4889 A to G), and a T to C mutation in the 3'-flanking region. *Clin Investig*.1994 ;72:240-8.

G

- Gaikovitch E.A. Genotyping of the polymorphic drug metabolising enzymes cytochrome P450 2D6,1A1,and N-acetyltransferase 2 in a Russian sample. Thèse ;2003 .Université de Berlin,Allemagne .

- García-Closas M, Kelsey KT, Wiencke JK, Xu X, Wain JC, Christiani DC. A case-control study of cytochrome P450 1A1, glutathione S-transferase M1, cigarette smoking and lung cancer susceptibility (Massachusetts, United States). *Cancer Causes Control* .1997; 8: 544-53.

- Guengerich FP. Cytochromes P-450. *Comp Biochem Physiol*. 1995;89:1–4.

- Guengerich FP. Roles of cytochrome P-450 enzymes in chemical carcinogenesis and cancer chemotherapy. *Cancer Res.* 1988;48:2946–2954.

- Guéguen Y, Mouzat K, Ferrari L, Tissandie E, JMA Lobaccaro, A-M Batt, F Paquet, P Voisin, J Aigueperse, P Gourmelon, M Souidi Les cytochromes

P450 : métabolisme des xénobiotiques, régulation et rôle en clinique *Annales de Biologie Clinique* .2006 ; <u>64</u> : 535-548 .

- Graham SE, Peterson JA. How similar are P450s and what can their differences teach us ?. *Arch Biochem Biophys* .1999 ; <u>369</u> : 24-9.

H

- Hayashi S,Watanabe J,Nakachi K , Kawajiri K.Genetic linkage of lung cancer associated Mspl polymorphisms with amino acid replacement in the heme binding region of the human cytochrome P450IA1 gene. *J Biochem.* 1991 ; <u>110</u> : 407-411.

- Hayashi S, Watanabe J.and Kawajiri K. High susceptibility to lung cancer analysed in terms of combined genotypes of P4501A1 and Mu-class glutathione S-transferase genes. *Cancer Research* .1992 ; <u>83</u>:866-870.

- Hietanen E, Husgafvel-Pursiainen, K., and Vainio, H. Interaction between dose and susceptibility to environmental cancer: a short review. *Environmental Health Perspectives*.1997; <u>105</u> :749-754.

- Hukkanen J. Xenobiotic-metabolizing cytochrome P450 enzymes in human lung. University of Oulu, Acta universitatis Ouluensis, D media. 2000 ; <u>623</u> :69.

- Humma LM, Francis Lam YW. Pharmacogenetics.Dans : Dipiro JT, Talbert RL, YeeGC et al. Pharmacotherapy. A pathophysiological approach. 5ième ed. 2002. McGraw-Hil. pp.55-67.

I

- Inoue K, Asao T, Shimada T. Ethnic-related differences in the frequency distribution of genetic polymorphisms in the CYP1A1 and CYP1B1 genes in Japanese and Caucasian populations.*Xenobiotica* .2000;<u>30</u>:285–95.

- Ishibe N, Wiencke JK, Zuo ZF. Susceptibility to lung cancer in light smokers associated with CYP1A1 polymorphisms in Mexican and African–Americans. *Cancer Epidemiol Biomarkers* Prev. 1997; <u>6</u>:1075–80.

J

- Jacquet M V, Lambert E,Baudoux M, Muller P, Kremers' and JGielen J.Correlation Between P450 CYPIAI Inducibility, Mspl Genotype and Lung Cancer Incidence.*Europeon jouma of Cnnr* .1996 ; <u>32</u>:1701-1706.

- Jaillon P, Pharmacogénétique des cytochromes P450 : conséquences pratiques. *Arch . Pédiatr*.2001 ;<u> 2</u> :350-2.

- Jaiswal AK, Nebert DW . Two RFLPs associated with the human P(1)-450 gene linked to the MPI locus on chromosome 15.*Nucleic AcidsRes* .1986 ;<u>14</u> : 4376.

K

- Kawajiri K , Nakaiachi K, Imai K, Yoshii A, Shinoda N, Watanabe J. Identification of genetically high risk individuals to lung cancer by DNA polymorphisms of the cytochrome P450IA1 gene. *FEBS Lett.* 1990 ; <u>263</u> : 131-133.

- Kawajiri K, Watanabe J, Eguchi H, Nakachi K, Kiyohara C and Hayashi S. Polymorphisms of human Ah receptor gene are not involved in lung cancer. *Pharmacogenetics.* 1995 ; <u>5</u> : 151–158.

- Kawajiri K, Watanabe J, Hayashi S. Identification of allelic variants of the human CYP1A1 gene. *Methods Enzymol.* 1996; <u>272</u>:226–32.

- Kim J, Sherman M,Curriero F,Guengerich P,Strickland P,Sutter T.Expression of cytochromes P4501A1and 1B1 in human lung from smokers,non –smokers, and ex-smokers.*Toxicol.Appl.Pharmaco.*2004 ;<u>199</u> :210-219.

- Kim KS, Ryu SW,Kim YJ,Kim E. Polymorphism analysis of the CYP1A1 locus in Koreans: presence of the solitary m2 allele. *Mol Cells.* 1999 ; <u>28</u>:78-83.

- Klingenberg M. Pigments of rat liver microsomes. *Arch Biochem Biophys .* 1958 ; <u>75</u> : 376-86.

- Kiyohara C,Nakanishi Y, Inutsuka S,Takayama K, Hara N et coll. The relationship between CYP1A1 aryl hydrocarbon hydroxylase activity and lung cancer in a Japanese population. *Pharmacogenetics.*1998; <u>8</u>: 315-323 .

M

- McManus ME, Burgess WM, Veronese ME, et al. Metabolism Of 2-acetylaminofluorene and benzo(a)pyrene and activation of food-derived heterocyclic amine mutagens by human cytochromes P-450. *Cancer Res* .1990;50:3367–76.

- Mihi Yanga, Yunhee Choib, Bin Hwangboc, Jin Soo Leec.Combined effects of genetic polymorphisms in six selected genes on lung cancer susceptibility. *Lung Cancer* .2007 ;10 :1016.

- Mugford CA, and Kedderis GL. Sex-dependent metabolism of xenobiotics. *Drug Metabolism Reviews.* 1998 ;30 :441-498.

N

- Nakachi K, Imai K, Hayashi S, et al. Genetic susceptibility to squamous cell carcinoma of the lung in relation to cigarette smoking dose. *Cancer Res.* 1991;51:5177–80.

L

- Lemarchand , Sivarman L, Pierce L, Seifreid A, Lum A et coll. Associations of CYP1A1, GSTM1 and CYP2E1 polymorphisms with lung cancer suggest cell type specificities to tobacco carcinogens. *Cancer Res.* 1998 ;58 : 4858-4863.

O

- Omura T, Sato R. A new cytochrome in liver microsomes. *J Biol Chem.* 1962 ; <u>237</u> : 1375-6.

- Oscarson M. Pharmacogenetics of drug metabolising enzymes: importance for personalised medicine. *Clin Chem Lab Med.* 2003;<u>41</u>:573-580.

P

- Porter TD, Coon MJ. Cytochrome P450. Multiplicity of isoforms, substrates, and catalytic and regulatory mechanisms. *J Biol Chem* .1991 ; <u>266</u> : 13469-72.

R

- Roberts-Thomson SJ, McManus ME, Tukey RH, et al. The catalytic activity of four expressed human cytochrome P450s towards benzo[a]pyrene and the isomers of its proximate carcinogen. *Biochem Biophys Res Commun* .1993; <u>192</u>:1373–9.

- Roux S. Quelles sont les principales interactions avec le cytochrome P-450 ? *Québec Pharmacie.* 1998 ;<u>45</u>:733-6.

S

- Shapiro LE, Shear NH, Drug Interactions:Proteins,pumps,and P-450s.*J Am Acad Dermat* .2002;<u>47</u>:467-84.

- Song N, Tan W,Xing D,Lin D. CYP 1A1 polymorphism and risk of lung cancer in relation to tobacco smoking: a case-control study in China.Department of Etiology and Carcinogenesis, Cancer Institute, Chinese Academy of Medical Sciences and Peking Union Medical College, Beijing 100021, China. *Carcinogenesis*. 2001;22:11-6.

- Sowers MR, Willson AL,Karida SR,Ch J,Mc Connell DS . CYP1A1 and CYP1B1 polymorphisms and their association with estrodiol and estrogen metabolites in women who are premenopanal and perimanopausal .*The American journal of Medicine.*2006;119:44-51.

T

- Taioli E, Jean Ford, Julie Trachman,Yongliang Li, Rita Demopoulos and Seymour Garte. Lung cancer risk and CYP1A1 genotype in African Americans. *Carcinogenesis* .1998 ;19:813–817.

- Taioli E, Bradlow HL, Garbres SV, Sepkovic DW, Osborne MP et coll. Role of estradiol metabolism and CYP1A1 polymorphisms in breast cancer risk. *Cancer Detect Prev.*1999 ; 23 : 232-237.

- Trédaniel J, Zaleman G, and Douriez E. Gènes et enzymes impliqués dans le méabolisme des carcinogènes. *Bull.cancer* .1995 ;77-84.

V

- Vinet B. Métabolisme des xénobiotques, Parmacogénétique, ,pharmaco génomique, ou en sommes-nous? *Ann Biol Clin.*2004;41: 39-43.

W

- Wang jingwen,Yifu Deng,Li Li,Kiyonori Kuriki,Jianmin Ding,Xiaochun Pan,Xin Zhuge,Jing Jiang,Chenhong Luo,Peng Lin and Shinkan Tokudome.Association of GSTM 1,CYP1A1 and CYP2E1 genetic polymorphisms with susceptibility to lung adenocarcinoma :A case-control study in chinese population.*cancer Sci.*2003; 94 :448-452.

- Waziers I, Cugnenc P H, Yang C S, Leroux JP, and Beaune P H. Cytochrome P 450 isoenzymes, epoxide hydrolase and glutathione transferases in rat and human hepatic and extrahepatic tissues. *The Journal Of Pharmacology And Experimental Therapeutics.* 1990 ;53, 387-394.

- Werck-Reichhart D, Feyereisen R. Cytochromes P450 : *a success story. Genome Biol.* 2000 ; 1 :3003.

- Williams PA, Cosme J, Vinkovic DM, et al. Crystal structures of human cytochrome P450 3A4 bound to metyrapone and progesterone. *Science.* 2004 ; 305 : 683-6

X

- Xu X P, Kelsey K T, Wiencke J K, Wain J C and Christiani DC. Cytochrome P450 CYP1A1 Mspl polymorphism and lung cancer susceptibility. *Cancer Epidemiology, Biomarkers and Prevention*.1996 ;5:687-692.

Y

- Yang XR,Wacholder S , Xu Z, Dean M, Clark V,Gold B,Brown ML,Stone BJ,Fraumeni JP,Caporoso NE.CYP1A1 AND GSTM1 polymorphisms in relation to lung cancer risk in chinese women .*Cancer.Lett.*2004 ;214 :197-204.

- Yano JK, Wester MR, Schoch GA, Griffin KJ, Stout CD, Johnson EF.   The structure of human microsomal cytochrome P450 3A4 determined by X-ray crystallography to 2.05-A resolution. *J Biol Chem.* 2004 ; 279 :38091-4.

VIII-Liste d'abréviations :

- ADN   acide désoxyribonucléique

- AHH   Aryl hydroxylase hydrocarbons

- BET   Bromure d'éthidium

- BSA   bovin sérum d'albumine

- CYP1A1   Cytochrome P450 1A1

- DO   densité optique

- dNTP   déoxyribonucléotides triphosphates

- EDTA   acide éthylène diamine tétraacétique

- EH   Époxyde hydrolase

- FMN   monooxygenases de flavin

- GST   glutathion S-transférase

- HAP   hydrocarbures aromatiques polycycliques

- Mgcl$_2$ dichlorure de magnésium

- NaCl   chlorure de sodium

- NAT   N-acétyltransférase

- N-ter   extrémité N-terminale

- PA   Paquets de cigarettes par an

- PCR   réaction de polymérisation en chaîne

- Pb   paire de base

- RFLP   Restriction Fragment Length Polymorphism

- SDS   Sodium Dodecyle Sulfate

- Taq polymérase   ADN polymérase thermorésistante

- TBE   Tampon TRIS-acide Borique-EDTA

- TEMED   Tétraméthyléthylénediamine

- Tm   Temps d'hybridation

- TRIS   Tris (hydroxyméthyl) aminoéthane

- U ou UI   Unité internationale

- UDP   Uridine-diphosphate

- UTR   Untranslated region

- UV   Ultra-violet